动物神秘事件簿

昆虫世界

北方妇女儿童出版社
·长春·

版权所有　侵权必究

图书在版编目（CIP）数据

昆虫世界 / 瑾蔚编著. -- 长春：北方妇女儿童出版社，2023.8（2024.8 重印）

（动物神秘事件簿）

ISBN 978-7-5585-7393-4

Ⅰ. ①昆… Ⅱ. ①瑾… Ⅲ. ①昆虫—儿童读物 Ⅳ. ①Q96-49

中国国家版本馆 CIP 数据核字（2023）第 036238 号

动物神秘事件簿——昆虫世界
DONGWU SHENMI SHIJIAN BU——KUNCHONG SHIJIE

出 版 人	师晓晖
策 划 人	陶 然
责任编辑	曲长军　庞婧媛
开　　本	889mm×1194mm　1/16
印　　张	4
字　　数	80 千字
版　　次	2023 年 8 月第 1 版
印　　次	2024 年 8 月第 2 次印刷
印　　刷	长春人民印业有限公司
出　　版	北方妇女儿童出版社
发　　行	北方妇女儿童出版社
地　　址	长春市福祉大路 5788 号
电　　话	总编办 0431-81629600
	发行科 0431-81629633

定　　价　22.80 元

前言

　　昆虫是世界上数量最多的动物群体，它们的踪迹几乎遍布世界的每一个角落，是生态系统中不可或缺的一环。昆虫不仅数量多，而且种类也多，比如有飞行技艺大师蜻蜓，有争强好斗、夜里叫个不停的蟋蟀，有大力士天牛，有在夜里闪着点点荧光的萤火虫，还有勤劳的蜜蜂、伪装大师枯叶蝶、嗡嗡嗡叫的蚊子……除了这些，昆虫世界里还有其他各种稀奇古怪的昆虫呢！想认识它们、了解它们的秘密吗？赶快翻开这本书吧！本书文字浅显易懂、图片精美生动，集知识性和趣味性于一体，能够产生强烈吸引力，让我们在轻松愉悦的氛围中了解各种各样的昆虫。

目录

 02 蜻蜓

 16 蠼螋

 04 豆娘

 18 蝉

 06 蜉蝣

 20 蝽象

 08 螽斯

 22 步甲

 10 蟋蟀

 24 锹甲

 12 蝗虫

 26 独角仙

 14 螳螂

 28 天牛

 30 蜣螂

 32 萤火虫

 34 瓢虫

 36 草蛉

 38 蜜蜂

 40 胡峰

 42 蚂蚁

 44 织叶蚁

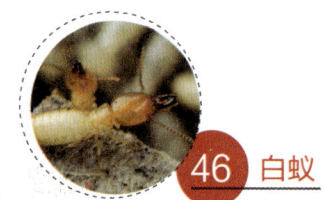 46 白蚁

 48 蝴蝶

 50 枯叶蝶

 52 蛾

 54 蚊子

 56 竹节虫

昆虫世界

在我们美丽的地球上,生活着许许多多昆虫。它们虽然长得各不相同,生活方式千差万别,但都是地球家园中重要的一员。

各种各样的昆虫

昆虫的种类实在太多了,它们有的善于飞行,比如蜻蜓、蝗虫;有的善于鸣叫,比如蟋蟀、蝉;有的力气大,比如独角仙、天牛;有的会发光,比如萤火虫;有的是建筑大师,比如织叶蚁、白蚁;有的是伪装高手,比如枯叶蝶、竹节虫……

蜻蜓

动物小档案

名称：蜻蜓

体长：约2~19厘米

分类：昆虫纲—蜻蜓目

栖息地：温带和热带大陆

食物：蚊子、蝇类

天敌：鸟类、蛙类

说到昆虫，你会想起什么呢？那些四处蠕动、让人害怕的小虫子？其实，我们昆虫家族也有很多漂亮的成员，比如我——蜻蜓。

我可不是生下来就长这样，来看看我的一生吧！

一开始，妈妈用点水的方式把卵产在池塘的水中。

我在水里孵化出来，成为一个小幼虫，这时我的名字叫水虿。

我吃着水里的蚊子幼虫，经过几次蜕皮，慢慢长大了。

我开始顺着水生植物的茎秆爬出水面，过起了两栖生活。

经过最后的羽化，我终于长大，成为一只会飞的蜻蜓了！

最杰出的飞行高手

别看我长得柔弱,我可是昆虫家族中最杰出的飞行高手。我的飞行技巧无人能敌,就连鸟儿都自叹不如。我在空中飞行时,几乎没有谁能捉住我。

蜻蜓说:

我的眼睛又大又圆,鼓鼓的,视力非常好,还能向四周转动,可以把猎物的所有小动作尽收眼底。

动物小档案

名称：豆娘

体长：约 2~7 厘米

分类：昆虫纲—蜻蜓目

栖息地：温带、热带大陆

食物：蚊子、蝇类

天敌：鸟类、蛙类

豆娘

要说漂亮,我一点儿也不比蜻蜓差。只不过,我长得小了一些,没有蜻蜓大,也没有它那样高超的飞行本领。

说起来,我和蜻蜓还是亲戚呢,长得很像。不过,你可不要把我当成它哦!

眼睛距离：我的两只大眼睛分得很开,就像哑铃一般。

腹部形状：我的腹部十分细瘦,像一个圆棍。

翅膀大小：我有两对翅膀,大小几乎一样,颜色特别漂亮。

停栖方式：在停栖时,我的翅膀会合起来直立在背上。

厉害的捕食者

别看我长得漂亮，身躯十分纤弱，就以为我弱不禁风。其实，我是厉害的捕食者呢！当然，我也知道自己长得小、飞得慢，所以一般只捕捉蚊子、苍蝇等小飞虫。

蜻蜓说：

豆娘？我和它特别熟，经常在水塘边一起飞行。它脾气不太好，凶起来连同伴都吃。不过，它不是我的对手。

蜉蝣

动物小档案

名称：蜉蝣
体长：约 0.3~2.7 厘米
分类：昆虫纲—蜉蝣目
栖息地：温带、热带大陆
食物：蚊、藻类
天敌：鱼、虾

我特别羡慕豆娘可以在水塘边飞舞，欣赏美丽的风景。虽然我也可以，但我的生命太短暂了，要抓紧时间寻找伴侣。

很多朋友用"朝生暮死"来形容我，其实这是不准确的。没错，当我长大后，最多只能活几天。可小时候，我在水中能活一整年，甚至更久呢！

成年的我和小时候长得很不一样。小时候，我没有翅膀，只能在水里漂浮或在水底爬行。后来，经过20多次脱皮，我的身体大变样，成了现在这个样子。

白天，我躲在杂草丛中，什么也不做。等到傍晚，我会和无数同伴在水边上下飞舞，寻找自己的另一半。等产下卵后，我就会安详地死去。

蜻蜓说：

对于蜉蝣，我是很佩服的。它长大后，竟然什么都不吃，几乎将所有时间和精力都用在了繁殖后代上。

动物小档案

名称：螽斯

体长：约4厘米

分类：昆虫纲—直翅目

栖息地：温带、热带大陆

食物：草类、树叶等

天敌：鸟类、鼠类、蜘蛛等

螽斯

为了找"对象"，繁殖后代，蜉蝣付出的代价也太大了吧。相比之下，我就轻松多了，只需要唱唱歌，就能"求婚"成功。

我的歌声很美妙

作为一名"音乐家"，我的"歌声"自然是非常动听的。你仔细听，这一串串时而高亢，时而低沉，时而舒缓，时而急促的音符，是不是非常美妙呢？

我的同伴唱歌也很好听，夏天的时候，我们常一起唱起"婚恋曲"。异性听到我们的"歌声"，就会赶过来，挑选声音最洪亮的一个作为自己的"恋人"。

我其实是一名演奏家

其实,我的"歌声"并不是唱出来的,而是"演奏"出来的。你看我的翅膀,像不像小刷子和小锉刀?它们相互摩擦,就会发出悦耳的声音。

蜻蜓说:

我曾经以为所有的螽斯都会"唱歌"。后来我才知道,只有雄螽斯能够发出声音,而雌性是"哑巴"。

蟋蟀

动物小档案

名称：蟋蟀
体长：约 3 厘米
分类：昆虫纲一直翅目
栖息地：温带、热带大陆
食物：植物根、茎、叶
天敌：螳螂、蜈蚣、蜘蛛

要说"唱歌"，我一点儿也不比螽斯差，毕竟我也是有名的"音乐家"。当然，我还有另一个职业——"格斗士"。

我的"情歌"很好听

我自己会建"房子"，可要找到"女朋友"仍不容易。没办法，我只好不断振动翅膀，演奏出美妙的曲子，用"情歌"来告诉异性，我很"温柔"。

我好斗是天生的

有时候，仅靠"情歌"还不行，我必须向喜欢的对象展示自己强大的力量。别的蟋蟀也是这样想的，因此战斗时有发生，只不过我够强壮，常常是胜利者。

作为一名"格斗士",我天生就很好斗。你也知道,我喜欢独居,绝对不会和别的蟋蟀共处。所以,一旦遇到其他蟋蟀,我必会和它咬斗起来。

蜻蜓说:

蟋蟀?我认识,只是不太熟。不过我听说,它长着翅膀,也会飞,但非常喜欢跳跃。这可真是奇怪!

蝗虫

动物小档案

名称：蝗虫

体长：约 2~5 厘米

分类：昆虫纲—直翅目

栖息地：除南极洲外的各大洲

食物：植物的茎、叶、花

天敌：鸟类、蛙类、蜘蛛

蟋蟀的战斗力确实很强，可终究是单打独斗，没有什么破坏力。我们蝗虫就不一样了，所到之处所有的植物都会瞬间化为乌有。

我们的破坏力超级强

不相信我的话吗？的确，只有我一个，破坏力当然非常有限，不能把植物怎么样。但我还有无数兄弟姐妹呢！你一口，我一口，一大片植物很快就会被吃光了。

没吃的了怎么办，不能等着饿死吧？于是，我们四处飞行，寻找新的食物供应地。距离太远？那不是问题，我们可都是飞行高手，一天能飞几十千米呢！

飞行是很耗体力的，我们中途需要吃东西。可是，我们的团队太大了，有几十亿只呢，各个都是大胃王，还不挑食，因此经过的地方，所有的植物都被吃得一干二净。

蜻蜓说：

我见过蝗虫，但从来没想到它那么可怕。最近我也才知道，它刚出生时每天就能吃掉超过自己体积三倍的食物。

螳螂

动物小档案

- **名称**：螳螂
- **体长**：约 5~10 厘米
- **分类**：昆虫纲—螳螂目
- **栖息地**：除南极洲外的各大洲
- **食物**：蝇、蚊、蝗虫、蛾
- **天敌**：鸟类、蛙类、蜘蛛

蝗虫也就是数量多，其实没什么真本事。它要是遇见捕虫高手——我，只能赶紧逃，不然只有被吃的份儿。

我是真正的捕虫高手

说实在的，就我这体形，在昆虫中绝对算得上前几名。更何况，我还有两把又宽又锋利的"大刀"呢！所以，对我来说，对付小虫子不是什么难事。

不过，我比较懒，不太愿意去找猎物，而是喜欢埋伏在草丛或树枝上，静静等待。一旦猎物自己送上门来，我就会挥舞着"大刀"，毫不留情地将它杀死。

当然，有些猎物很警觉，老远就能发现我。于是，我只好装扮成小草、枯叶或花朵等蒙骗它们。这时，如果猎物上了当，基本上就是有去无回了。

蜻蜓说：

螳螂真是太残忍了，连同类都吃，我还是离它远点儿。不过我听说，雌螳螂一般在生小螳螂时才会吃雄螳螂。

动物小档案

名称：蠼螋

体长：约 0.4~5 厘米

分类：昆虫纲—革翅目

栖息地：热带、亚热带大陆

食物：花、叶、棉铃虫

天敌：鸟类、蛙类、蜘蛛

蠼螋

螳螂的"大刀"可真厉害，但我并不羡慕，因为我自己有一把"大钳子"。当然，我的"大钳子"可不是用来捕捉小虫子的。

先来认识一下我

很多朋友不认识我，不知道我长什么样子。其实，我特别容易辨认。如果你看到一只小虫子，长得瘦瘦长长的，身后还拖着一个夹子一样的尾钳，那就是我了。

我的尾钳看着又大又吓人，可即使遇到危险，我也多是选择逃跑或者装死，很少用它攻击敌人，最多就是举起来示威一下，吓唬吓唬敌人。

我用尾钳来求爱

初秋时，我四处走动，一遇到"心上人"就会立刻追上去，用尾钳触碰它，向它求爱。如果对我满意，接受我，它就会回应，用尾钳夹住我的尾钳。

蜻蜓说：

蠼螋的胆子好像很小，白天都不出来，晚上才四处活动。我还听说，它要是在孵卵时受到惊吓，还会把卵搬走呢！

动物小档案

- **名称**：蝉
- **体长**：约 2~5 厘米
- **分类**：昆虫纲—半翅目
- **栖息地**：温带、热带大陆
- **食物**：植物汁液
- **天敌**：鸟类、蜘蛛、螳螂

蝉

蟊斯、蟋蟀都说自己声音洪亮，可我听来，它们的声音实在太小了。哪像我，一"叫"起来，整个世界仿佛都被淹没了。

我的叫声特别大

夏天的时候，我停息在树上，不停地发出"知了、知了"的鸣声。那声音大极了，比其他昆虫的声音都要响，谁要是一直听，耳朵都要震得嗡嗡响。

你也知道，我小时候在地下待得太久，到地上来后只能活很短的一段时间，因此必须抓紧时间"找对象"。于是，我大声地"叫"，告诉异性"我在这儿，快来找我"。

其实，我的叫声还能对付敌人呢！很多鸟儿都爱吃我，可我飞行本领不强，又没什么厉害武器，别无他法，只能靠"呐喊"声退敌，来保护自己。

蜻蜓说：

蝉的叫声真是太大了，很多鸟儿都忍受不了。我有些好奇，它自己为什么不会被震晕呢？哦，原来，它听不到自己的叫声。

蝽象

动物小档案

名称：蝽象

体长：约 1.7~2.5 厘米

分类：昆虫纲—半翅目

栖息地：温带、热带大陆

食物：植物汁液

天敌：寄生蜂、蜘蛛、螳螂

　　我没有螳螂那样的"大刀"，也不会像蝉那样大声"叫"，但我依然敢大摇大摆地外出游逛，因为我知道如何保护自己。

我有一个秘密绝招儿

　　我的长相实在太不起眼儿了，一般的虫子要是长成这样，肯定要受欺负。可我不一样，谁也不敢轻易招惹我，因为我有一个秘密绝招儿——放"臭屁"。

放屁就能对付敌人

　　我的"臭屁"可不一般，它实在太臭了，一旦放出来，四周都会变得臭不可闻。敌人被这难闻的气味熏得头昏脑涨，没法儿进攻，而我会借机逃之夭夭。

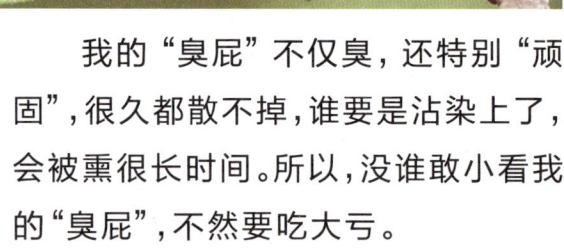

　　我的"臭屁"不仅臭，还特别"顽固"，很久都散不掉，谁要是沾染上了，会被熏很长时间。所以，没谁敢小看我的"臭屁"，不然要吃大亏。

蜻蜓说：

幸好，椿象只用"臭屁"自卫，不然其他动物的日子没法儿过了。不过，还是离它远点儿，我可不想被熏晕了。

步甲

动物小档案

名称：步甲

体长：约 0.1~6 厘米

分类：昆虫纲—鞘翅目

栖息地：除南极洲外的各大洲

食物：蚯蚓、蜗牛、蜘蛛

天敌：鸟类、蛙类

用"臭屁"对付敌人确实很有效，但椿象那种本事我可学不来。我要是遇到敌人，二话不说，直接跑就行了。

遇到危险这么办！

你可能会问，我为什么不飞走呢？其实，我也想，但实在没那本事。我的飞行本领太差了，几乎飞不起来，遇到危险，只能迈着步子逃跑。

你听我的名字就应该知道，我很善于行走，事实也是如此。你看我的腿，是不是比很多小甲虫长得多、粗得多？

有的敌人太厉害，我没办法逃走。这时，我只好装死，碰碰运气，希望它能放过我。

我平时会干什么？

树林里太危险了，我宁愿躲在树叶下、洞穴中，也不想四处乱跑，出来送死。当然，我也不会闲着，有时挖挖隧道，有时找找蚯蚓来吃。

蜻蜓说：

步甲？我知道，它跑得很快，常常一眨眼就跑得看不见了。我还听说，它不怎么会飞，是因为翅膀退化了。

锹甲

动物小档案

- **名称**：锹甲
- **体长**：约 7~12 厘米
- **分类**：昆虫纲—鞘翅目
- **栖息地**：除南极洲外的各大洲
- **食物**：植物叶子、汁液、花蜜
- **天敌**：鸟类、狐狸、刺猬

步甲太丢我们甲虫家族的脸了，遇到敌人只会逃跑。要是换了我，即使打不过，也要和敌人战斗一场。

我是天生的战斗者

在甲虫界，我可是响当当的"角斗士"，厉害着呢！不是自吹，我只需要把武器——像鹿角一样的巨大上颚亮出来，很多对手就会退缩，不敢和我战斗。

我是个暴脾气，一点儿小事就能激起我的斗志，比如好吃的、异性。尤其是遇到同类，往往只是因为心情不好，我就能和它打上一架，把它掀翻在地。

欺负同类算不上什么真本事，要是遇到蜈蚣、蝎子等动物，我也敢和它们打斗一番！当然，它们很强大，并不是每一次我都能赢。

蜻蜓说：

我一直以为雌锹甲性情很温柔，却没想到，它们的上颚虽然又小又简单，可和雄锹甲一样，也很好斗。

独角仙

动物小档案

名称：独角仙
体长：约 4~7 厘米
分类：昆虫纲—鞘翅目
栖息地：亚洲东部地区
食物：植物汁液、果实
天敌：鸟类、蝙蝠、刺猬

要比战斗力，我和锹甲差不多，但要比谁的力气大，我比它强多了。我可是真正的大力士，能轻松将对手举起来。

我是举重冠军

如果举行一场举重比赛，我绝对是世界冠军。确实，力气大的动物特别多，可谁能像我这样，举起相当于自身体重800多倍的物体呢？没有吧！

我还有厉害的武器

朝我的头顶看，这里有一只开叉的大角，就像武士高举的长矛。我就是仗着它，才敢向敌人说"想挑战我吗"，然后将敌人挑翻。

也不知为什么，我们同类之间就像有仇似的，一旦相遇，必定会战斗一番。我们努力将大角插入对方身下，谁的力气大，谁就能将对方举起来，掀个六脚朝天。

蜻蜓说：

为什么我见过的独角仙没有长大角呢？哦，原来，只有雄独角仙才有大角，而我见到的那只是雌性。

动物小档案

名称：天牛

体长：约1~5厘米

分类：昆虫纲—鞘翅目

栖息地：温带、热带大陆

食物：植物汁液、花粉

天敌：鸟类、寄生蜂

天牛

论力气，我比独角仙差一点儿，但也是力大如牛。况且，我更善于在天空中飞翔呢！猜出来了吗？没错，我就是天牛。

先介绍一下自己

很多朋友都见过我，只是不认识罢了。夏天，你要是见到一只大虫子静静地趴在树干上，偶尔晃动一下比身体还长的触角，那就是我了。

看我的乔装术

不知什么时候，很多敌人都盯上了我。没办法，我只好披上一身"彩衣"伪装起来，或者打扮成有毒针的虎头蜂的样子。

小时候的生活很舒适

相比起来,还是小时候好。那时,我还是一只小肉虫,住在树干里,基本没什么危险,也不用为吃的发愁,只要啃一啃树干,肚子就填饱了。

蜻蜓说:

天牛,我认识。之前,我看到它摇晃触角,还以为是在向我打招呼。后来我才知道,它是在闻味儿呢。

蜣螂

动物小档案

名称：蜣螂
体长：约1~10厘米
分类：昆虫纲—鞘翅目
栖息地：除南极洲外的各大洲
食物：动物粪便
天敌：蜜獾

比谁的力气大？比谁的飞行本领高？我可没工夫做那些无聊的事情，我要忙着滚粪球，做"自然界的清道夫"呢！

我的口味很独特

很多朋友都说我口味独特。确实，很少有动物像我这样，不喜欢鲜美的青草、甘甜的瓜果，只喜欢臭烘烘的粪便，还把粪便滚成球带回家。

我是怎么滚粪球的

滚粪球非常辛苦，我要头朝下，屁股朝上，后腿抱着粪球，用前腿一点点向后退着走。我还要特别小心，要是粪球从小斜坡上滚下去，那所有的工作就全白费了。

我为什么要滚粪球？

我滚粪球可不止是搬运食物那么简单。每年繁殖季节，我都要把卵产在粪球中。这样，孩子们出生后，就有了一个温暖的家，还能在里面大吃特吃。

蜻蜓说:

　　蜣螂实在太伟大了,为了子女不辞辛苦。但有些蜣螂太懒了,不好好劳动,常半路抢夺别的蜣螂的粪球。

动物小档案

名称：萤火虫

体长：约 0.4~2 厘米

分类：昆虫纲—鞘翅目

栖息地：热带、亚热带地区

食物：蜗牛、蛞蝓、蚯蚓

天敌：蜘蛛、蛙类

萤火虫

和螳螂比起来，我的生活一点儿都不忙碌，每天晚上还能打扮得漂漂亮亮的，像闪烁的点点星光，将夜空照亮。

天黑后我会闪着亮光

太阳下山后，天慢慢变黑了。这时，就该我登场了。我闪着淡淡的黄绿光，向水边、农田飞去，那里有许多同伴等着我呢。

我能发光，可不是因为着火了，而是肚子上有一个发光器。这些光没有热量，不能温暖我，但能吸引异性，也能告诉同伴哪里有好吃的，让它们快点儿过来。

好东西要和大家分享

我招呼同伴过来,可不是帮忙捕食的。其实,我自己就能捉住一只大蜗牛,把它化成"水",吸进肚子里。只不过,我不爱吃独食,愿意和大家一起分享食物。

蜻蜓说:

我曾经问过萤火虫,它是怎么保护自己的。它告诉我,它会发出一种难闻的气味,逼迫鸟儿远远地避开。

瓢虫

动物小档案

名称：瓢虫
体长：约 0.1~1.6 厘米
分类：昆虫纲—鞘翅目
栖息地：除南极洲外的各大洲
食物：蚜虫、介壳虫
天敌：蜘蛛、白蚁

看到飞虫发光，你就知道那一定是萤火虫了。要是看到一只披着红外衣、长得像半球的小虫呢？你猜对了，那就是我——瓢虫。

我们家族成员特别多，长得也都很像，但只要数一数身上的小黑点，就能把我们分清。比如我，身上有七个小黑点，所以我的全名叫七星瓢虫。

别看我长得小，我可是厉害的捕虫能手。蚜虫常把庄稼咬得伤痕累累，但只要有我在，庄稼就不怕了，因为我一天能吃掉100多只蚜虫呢！

要是遇到敌人了，我也有办法自保：

神经休克：像失去知觉一样一动不动，危险过后，才会清醒过来。

化学武器：释放一种黄色液体，散发出难闻的气味，逼退敌人。

蜻蜓说：

瓢虫和我一样，也有两对翅膀。在飞行的时候，它要先将外面的硬翅膀打开，再展开里面的软翅膀，之后才能飞。

动物小档案

名称：草蛉
体长：约 1.5~2 厘米
分类：昆虫纲—脉翅目
栖息地：除南极洲外的各大洲
食物：蚜虫、介壳虫、花粉
天敌：蝙蝠

草蛉

说到对付蚜虫，怎么能忘记我？不说现在了，我小时候就是有名的蚜虫能手，一天能吃上百只蚜虫呢！

我是怎么捕食蚜虫的？

小时候，我虽然不会飞，可力气很大，还有一张镰刀嘴。只要找准目标，我一下就能将蚜虫钳住，然后把毒液注进它的身体里，再一口气把它吸干，它就变成了一个空壳。

我是一个乔装大师

说起来挺有趣的,那些吃剩下的蚜虫躯壳,我也不会白白扔掉。我会把它们驮在背上,让自己看起来怪怪的,这样就能吓唬很多敌人了。

对付蝙蝠有绝招儿

长大了,没办法吓唬蝙蝠了,该怎么办呢?别担心。我的翅膀就像蕾丝花边,不仅漂亮,上面还有能感受声波振动的器官呢!所以,我有足够的时间避开它。

蜻蜓说:

我听说,草蛉小时候特别凶狠,要是蚜虫不够了,又没其他吃的,它们之间就会爆发战争,相互残杀。

蜜蜂

动物小档案

名称：蜜蜂
体长：约 1.5 厘米
分类：昆虫纲—膜翅目
栖息地：除南极洲外的各大洲
食物：花粉、花蜜
天敌：鸟类、胡峰、蚂蚁

和草蛉比起来，我们的家族非常团结，根本不会发生内战。不仅如此，我们还特别勤劳，每天都努力工作。

还是先认识一些我的家族成员吧

蜂王：寿命长，个体大。它长得特别健壮，大腹便便，专门负责生小蜜蜂。

雄蜂：有好几十只。它们除了和蜂王一起生小蜜蜂，别的什么也不做。

工蜂：数量最多。它们可辛苦了，要建房子、采蜜，还要保护蜂王。

我是一只勤劳的小蜜蜂

我就是一只小工蜂，每天都在花丛间上下飞舞。不过，我可不是在玩耍，而是在采蜜呢！你看，这些蜂蜜就是我最近十来天的劳动成果。

我还是一名"侦察兵"

我左看看，右闻闻，终于找到了花蜜。之后，我会返回家中，跳起圆圈舞和"8"字舞，告诉兄弟姐妹花蜜在哪儿，并带领大家一起去采蜜。

蜻蜓说：

蜜蜂家族真让我羡慕。它们的蜂巢建造得特别精巧，每只小蜜蜂出生的时候，就能拥有一个舒适的"小家"。

胡蜂

动物小档案

- **名称**：胡蜂
- **体长**：约 2 厘米
- **分类**：昆虫纲—膜翅目
- **栖息地**：除南极洲外的各大洲
- **食物**：花粉、花蜜、蝉、蝗虫
- **天敌**：鸟类、蜘蛛、壁虎

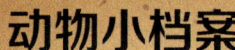

很多动物都怕我，说我到处乱蜇人，一点儿都不"可爱"。我是胡蜂，又不是蜜蜂，干吗要装可爱呢？对了，我还有个俗名——马蜂。

霸道是我的天性

一些蜂类说我是"强盗"，经常拦路抢劫。那又怎样？我天生就这么霸道，谁要是不服气，敢反抗，我不介意亮出毒针，将它蜇死，当作食物吃掉。

拔掉毒针也没事

谁也别想着和我同归于尽，我可不是蜜蜂，蜇了人自己也会死掉。要知道，我的毒针可没有连着内脏，就算被拔掉了，对身体也没有多大影响。

可别来招惹我

我们家族特别团结,谁要是敢攻击我,对我不友善,那可真就"捅了马蜂窝"。你想想,同时面对成千上万根毒刺,谁能招架得住?

蜻蜓说:

胡蜂的筑巢本领可真高超。明明是枯枝烂叶,在它们"手下",就像施了魔法似的,竟然变成了精巧的蜂巢。

蚂蚁

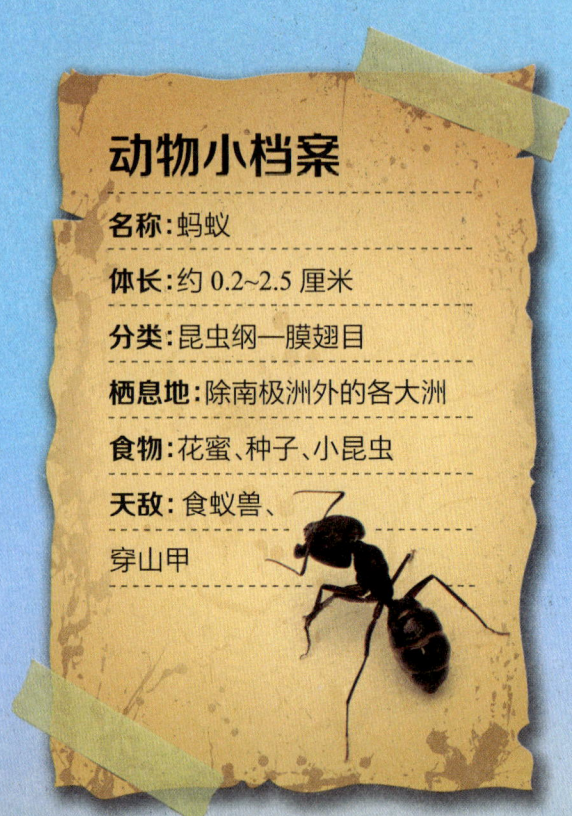

动物小档案
- **名称**：蚂蚁
- **体长**：约 0.2~2.5 厘米
- **分类**：昆虫纲—膜翅目
- **栖息地**：除南极洲外的各大洲
- **食物**：花蜜、种子、小昆虫
- **天敌**：食蚁兽、穿山甲

要比谁的家族更团结，蜜蜂、胡蜂它们根本没法儿和我比。毕竟，我们蚂蚁长得太小了，要是不团结，生存会很艰难。

我独自去找食物

我是一只小工蚁，每天都会独自外出寻找食物。虽然走得很远，可我从来不会迷路，因为每走一步，我都会用大肚子摩擦地面，留下气味。

我这儿走走，那儿转转，终于找到了食物。之后，我立刻返回巢穴，把好消息告诉给大伙儿。

没多久，大部队就集结完毕，浩浩荡荡地出发了。

大家一起运食物

很快，大部队抵达"战场"，并立刻行动起来。我们各个都是大力士，那些比身体重几倍的食物，不费力气就能搬走。而那些特别重的，我们也能齐心协力地抬回去。

蜻蜓说：

蚂蚁还真聪明，虽然不会说话，但会用肢体交流。我就见过它们相互用触碰触角的办法，告诉同伴前面发现了好多食物。

动物小档案

名称：织叶蚁

体长：约 0.5~2 厘米

分类：昆虫纲—膜翅目

栖息地：热带、亚热带大陆

食物：大绿蟓、吉丁、叶蜂

天敌：食蚁兽、穿山甲

织叶蚁

虽然都是蚂蚁，可我们家族和别的蚂蚁不太一样。别的蚂蚁都是住在土房子里，我们住的是用树叶建造的高楼大厦。

和树叶比起来，我实在太小了，还要把它连接成能遮风挡雨的行宫，看上去太难为我了。不过，这难不倒我，因为我的身后有无数同伴的支持！

怎样把叶子缝合到一起呢？

这时，就要幼虫宝宝们发挥作用了。我们把它们衔在嘴上，叼到叶子缝隙处，左一下、右一下地穿梭。很快，宝宝们吐出的丝线就把叶子粘在一起了。

我们相互拉扯组成蚂蚁链子,将叶子两端往中间拉。一条链子不够,就组成更多条,结成粗粗的蚂蚁绳子,直到将叶子两端连到一起。

蜻蜓说:

蚂蚁常年生活在树上,难怪会用叶子建造巢穴呢!它们的小巢穴有好几十个,挂满了四周的大树。

白蚁

动物小档案

名称：白蚁
体长：约 0.5~3 厘米
分类：昆虫纲—等翅目
栖息地：除南极洲外的各大洲
食物：植物、菌类
天敌：蛙类、鸟类、蚂蚁

　　在我看来，织叶蚁的巢穴虽然很精巧，但只能算小工程。而像这样高达七八米的巢穴，才是真正的"高楼大厦"。

　　我说的还只是地上部分，要是算上地下的，那就更高了。除了高，我们的巢穴造型还非常独特，有的像城堡，有的像金字塔，有的像圆柱，有的像土堆……

　　建造巢穴时，我们可没有动用钢筋水泥，而是随处可见的树枝、沙子、动物粪便，还有我们的唾液。不过，可别小瞧它，它特别坚固，屹立几十年、上百年都不成问题。

　　我们的巢穴特别舒适，就像装了中央空调一样，温度、湿度都很适宜。当然，这要归功于里面无数弯弯曲曲的通道，以及监管通道出口开、关的同伴们。

蜻蜓说：

白蚁，我认识。我听说，它在自己的巢穴里开辟了一大片农场，用来培养菌类，给自己和宝宝们加餐。

动物小档案

名称: 蝴蝶

体长: 约 0.7~30 厘米

分类: 昆虫纲—鳞翅目

栖息地: 除南极洲外的各大洲

食物: 花蜜、植物汁液

天敌: 鸟类、蛙类、蜥蜴

蝴蝶

我才不想整天躲在黑暗的巢穴里呢!世界那么美好,我又这么漂亮,干吗不翩翩起舞,展示自己的美呢?

小时候是一只毛毛虫

其实,我小时候一点儿都不漂亮,是一只丑陋无比的毛毛虫。后来,我长啊长啊,身体变硬,成了一个蛹。等我从蛹里爬出来时,就变成了现在美丽的样子。

长大后整日飞舞

夏天,我在花丛中飞来飞去,高兴极了。当然,我可不是在欣赏美丽的花朵,而是在寻找美味的花蜜呢,那可是我最喜欢吃的食物。

就算下雨了,我仍旧会上下飞舞,并不担心被雨水淋湿。你看我的翅膀,上面有很多很多小鳞片,它们都能防水,就像一件件小"雨衣"。

蜻蜓说:

蝴蝶的嘴和我的一点儿都不一样,是一根细长的"管子",平时是盘着的,只有在吸食花蜜时才会伸展开。

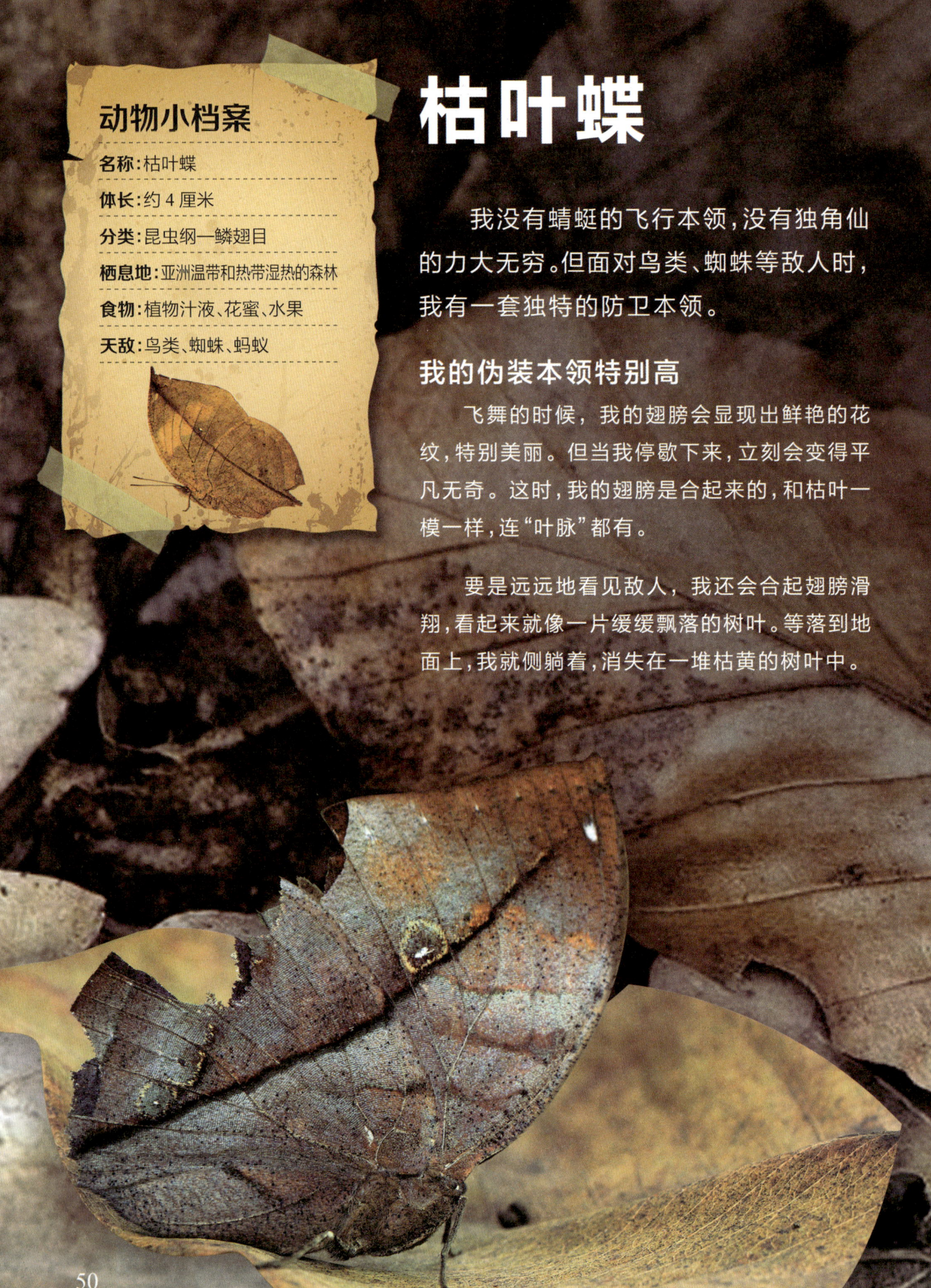

枯叶蝶

动物小档案

- **名称**：枯叶蝶
- **体长**：约4厘米
- **分类**：昆虫纲—鳞翅目
- **栖息地**：亚洲温带和热带湿热的森林
- **食物**：植物汁液、花蜜、水果
- **天敌**：鸟类、蜘蛛、蚂蚁

　　我没有蜻蜓的飞行本领,没有独角仙的力大无穷。但面对鸟类、蜘蛛等敌人时,我有一套独特的防卫本领。

我的伪装本领特别高

　　飞舞的时候,我的翅膀会显现出鲜艳的花纹,特别美丽。但当我停歇下来,立刻会变得平凡无奇。这时,我的翅膀是合起来的,和枯叶一模一样,连"叶脉"都有。

　　要是远远地看见敌人,我还会合起翅膀滑翔,看起来就像一片缓缓飘落的树叶。等落到地面上,我就侧躺着,消失在一堆枯黄的树叶中。

我们长得都不一样

我和兄弟姐妹们看起来十分相似,其实翅膀的颜色、花纹都不一样。这样,鸟儿就没办法记住什么样的"叶子"才是我们,也就没办法捕捉我们了。

蜻蜓说:

枯叶蝶的飞行本领其实还是不错的。我曾看过一只鸟儿追它,它四处乱飞,没有一点儿规律,竟然成功逃脱了。

动物小档案

名称：蛾

体长：约4厘米

分类：昆虫纲—鳞翅目

栖息地：除南极洲外的各大洲

食物：植物汁液、花蜜

天敌：鸟类、蜘蛛、壁虎

蛾

蝴蝶？我不太了解，因为它总是白天出没；而我呢，更喜欢黑夜，总是与黑夜为伴，过着夜游生活。

我是黑夜的使者

别看我总是夜里外出，其实我的视力很差，根本看不清周围的情况。不过，我的"鼻子"和"耳朵"特别灵敏，在漆黑中也能找到路线，到达想去的地方。

飞行的时候，我需要月光帮忙来确定方位。可是，我常把灯光、火焰当成月光，然后一直绕着它们打转飞行，甚至扑向明亮又灼热的火苗。

鸟儿能发现我吗？

我满身都是褐色的短毛、鳞片和图案，很像树皮或树枝，虽然不漂亮，但能躲过鸟儿的眼睛。

我的一些亲戚长得很漂亮,身上有绿色、红色的花纹和图案。

蜻蜓说:

从前,我一直分不清蛾和蝴蝶。后来我发现,蛾都长得胖胖的,触角有很多种样子,喜欢夜晚外出。

动物小档案

名称：蚊子

体长：约 0.15~1.5 厘米

分类：昆虫纲—双翅目

栖息地：除南极洲外的各大洲

食物：植物汁液、花蜜、血液

天敌：蜻蜓、青蛙、蜘蛛

蚊子

夏天的夜晚，我会嗡嗡嗡地飞来飞去，趁人不注意，在人身上咬一口。猜出来了吗？我就是爱吸血的蚊子。

咬出一个大包

可别小瞧我这一口，谁要是被咬了，被咬的部位立刻就会肿起一个红红的大包，而且奇痒无比，要不停地用手抓才行。而此时，我早已经吸饱血，飞走了。

我不是见了谁都会咬

我经常在空中盘旋，感受一下人体的温度、湿度，分析一下人汗液里的成分，看看是不是自己喜欢的"口味"。如果是，我才会上前咬一口。

我为什么要吸血？

其实，我吸血也是迫不得已。平时，我都是吃花蜜和植物汁液，只有到了繁殖期，为了产卵，我才会叮人、吸血。至于雄蚊子，它们从来不吸血。

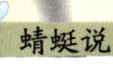

蜻蜓说：

我特别爱吃蚊子。它的飞行技巧很不错，能侧飞、倒飞，还能翻跟头，但速度太慢了，在我面前根本逃不了。

竹节虫

动物小档案

名称：竹节虫
体长：约 6~24 厘米
分类：昆虫纲—竹节虫目
栖息地：热带、亚热带地区
食物：各种植物叶子
天敌：鸟类、蜥蜴、蜘蛛

我和枯叶蝶其实挺像的。我说的可不是我们长得像，而是对付敌人的手段——我也有着超高的隐身本领。

你发现我了吗

我长得这么瘦长，看起来和一截儿枯枝没什么区别。所以我想要保护自己，根本不用找藏身处，只要收起翅膀，停在枝条间，谁都发现不了。

除了长得像树枝，我还能变身呢！要是遇到"眼尖"的敌人，我还会根据温度、湿度、光线改变身体颜色，看上去和周围环境一个样。这样，敌人想发现我就更难了。

我还有两个绝招儿：

一、装死。要是逃无可逃，我就假死过去，以逃避敌人的伤害；

二、发出闪光。我会发出闪动的彩光迷惑敌人，为逃跑赢得时间。

蜻蜓说：

我曾经把竹节虫当作是树枝，还停在它身上。后来，它突然动了一下，快速飞走了，把我吓了一跳。